思維遊戲大挑戰

修訂版

一分鐘破案小偵探 2

真相追蹤

楊仕成　編繪

新雅文化事業有限公司
www.sunya.com.hk

思維遊戲大挑戰
一分鐘破案小偵探 2：真相追蹤（修訂版）

編　　繪：楊仕成
責任編輯：胡頌茵
美術設計：王樂佩、郭中文
出　　版：新雅文化事業有限公司
香港英皇道 499 號北角工業大廈 18 樓
電話：(852) 2138 7998
傳真：(852) 2597 4003
網址：http://www.sunya.com.hk
電郵：marketing@sunya.com.hk
發　　行：香港聯合書刊物流有限公司
香港荃灣德士古道 220-248 號荃灣工業中心 16 樓
電話：(852) 2150 2100
傳真：(852) 2407 3062
電郵：info@suplogistics.com.hk
印　　刷：中華商務彩色印刷有限公司
香港新界大埔汀麗路 36 號
版　　次：二〇二三年九月初版

ISBN: 978-962-08-8265-4

鳴謝：
本書第 125-128 頁的照片來自 Pixabay（https://pixabay.com）

目錄

小偵探學堂

最後一夢

案情說明

張太太突然去世了。據張先生作供，張太太患有心臟病。當時她在院子裏睡着了，夢見自己走在陡峭的山路上，腳下是深深的山谷，非常害怕。這時，張先生怕她着涼，於是拿了一張氈子給太太蓋上。張太太在夢中以為是山上掉下來的巨石，受到驚嚇，引發了心臟病。可是，警察並不相信張先生的話。你知道這是為什麼嗎？

破案關鍵

張先生說了謊話，如果真是如張先生所說，張太太在夢中去世，他又怎麼能知道張太太做了什麼夢呢？

誰是小偷

案情說明

一個小偷逃進了豆腐製作工場。警察來到追捕，在工場裏遇見了兩個人，他斷定其中一個是小偷。你認為會是誰呢？

破案關鍵

那個說看見有人從後門逃走的工人就是小偷，因為不可能有一米多高的巨大豆腐塊。豆腐是一種豆製食物，由黃豆磨成豆漿，經過凝固再壓製而成的。豆腐的質地滑溜鬆軟，底部承受不了重量會塌下，所以不可能生產出這麼大的豆腐。

誰有罪

案情說明

一家百貨公司遭到一個賊人爆竊，警察拘捕了三個嫌疑犯：劉江、趙正和黃卓。警方掌握了以下線索：罪犯是開車跑掉的；黃卓供認了自己不會單獨犯案；趙正不會開汽車。到底他們當中誰是真正的罪犯呢？你認為劉江在此案中有嫌疑嗎？

破案關鍵

劉江在此案中有嫌疑。推斷如下：因為趙正不會開汽車，而罪犯又是開着汽車跑掉的，可以推斷出犯人應該是劉江和黃卓中的一個。而黃卓聲稱自己不會單獨犯案，所以可以推斷劉江的嫌疑最大。

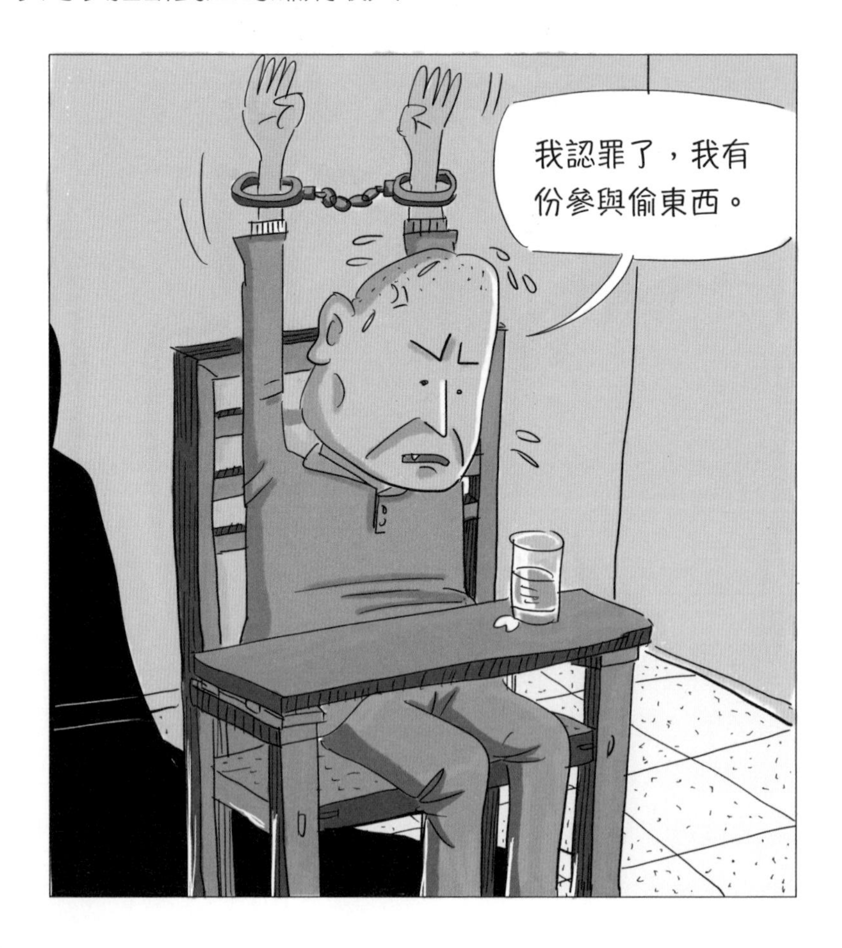

考古學家的遺產

案情說明

一位考古學家在臨終前，將一把鑰匙交給女兒貝蒂，上面拴着一枚錢幣，說有了它就可以找到豐厚的遺產。貝蒂用這把鑰匙開遍了家中所有的抽屜，都沒找到這筆遺產。突然，她明白過來了……貝蒂終於繼承了一筆可觀的遺產。你知道她是從哪兒找到遺產的嗎？

破案關鍵

踏破鐵鞋無覓處，得來全不費工夫。拴在鑰匙鏈上的古錢幣就是貝蒂的父親留給她的遺產，這枚古錢幣非常稀有，價值不菲。

妙計

案情說明

在酒店裏，羅傑去上洗手間。他剛推門而入，就被一個女人關上門恐嚇，惡狠狠地對他說：「把錢拿出來，否則我就大叫『非禮』，說你……哼！」羅傑忽然心生一計，一會兒，這個女流氓就乖乖地走了出去。你知道羅傑用什麼妙計阻嚇了女詐騙犯嗎？

破案關鍵

羅傑裝成聽障，讓女流氓把要求寫在紙上。證據到手後，她就只好乖乖地走了出去。

追蹤間諜

案情說明

趙林負責跟蹤一名女間諜，監視她何時與另一名男間諜接頭。趙林埋伏在女間諜家附近，監視着她的一舉一動。從她早上出去買菜到下午出去買水果，整整一天，趙林都跟着這個女間諜寸步不離，並沒發現她與任何男人單獨在一起。實際上，女間諜已經和那個男間諜交換情報了。你知道他們是在哪裏接頭的嗎？

破案關鍵

接頭的地點就在女間諜家裏，趙林中了他們的調虎離山之計。其實，那個男間諜持有女間諜家裏的鑰匙，當女間諜外出買菜時，他趁機溜進屋收取信息；下午女間諜再出去的時候，他又趁機溜走。趙林的注意力都集中在監視女間諜的外出行動，當然沒發現和她接頭的那個男間諜正正就在屋內。

樹林中的死者

案情說明

郊區的樹林裏，人們發現一個人死在地上。探長看到死者面朝下，趴在地上，背上插有一把刀。法醫推測其死亡時間已經有六個小時。探長發現死者的面部顏色沒有異常。探長沉思了一會兒後，說：「這裏不是第一犯案現場，死者是遇害後被轉移到這裏的。」你知道探長根據什麼來推斷嗎？

破案關鍵

破案時間 41 秒

經過六個小時，死者的面部顏色沒有異常，這就是關鍵線索。因為人死後，如果總保持一個姿勢，在身體接觸地面的皮膚就會出現紫色的斑痕。如果死者真是在此地俯臥而死，那麼在他的面部、胸部及腹部就應該會出現紫色斑痕。而死者的這些部位卻沒有紫色斑痕，說明死者曾被移動過，這裏不是事發現場。

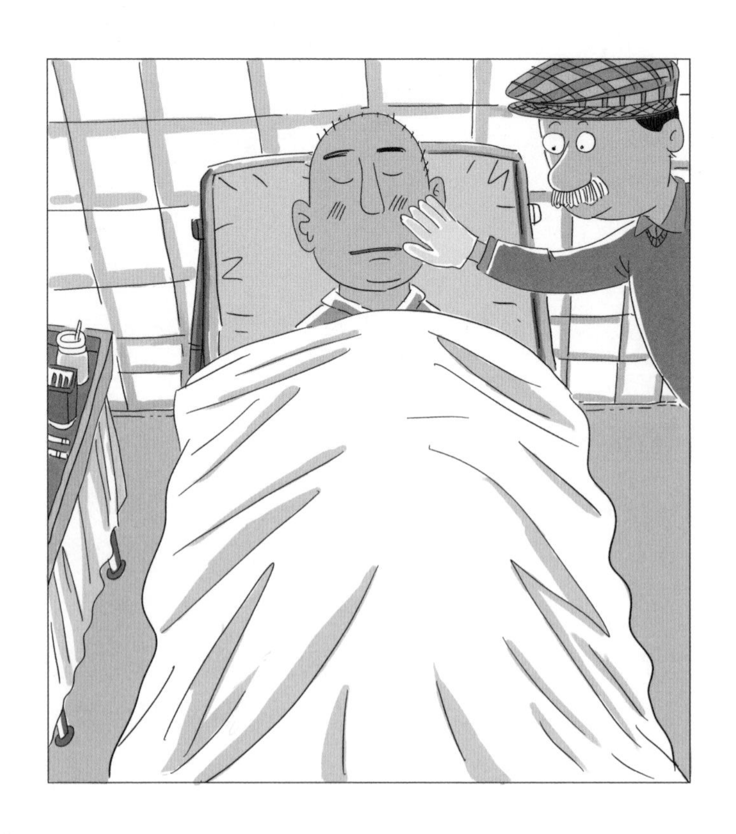

拿錯公事包的人

案情說明

船到岸了，人們都忙着下船。忽然，探長發現自己的公事包不見了。他四處張望，發現前面的一個人拿着他的公事包，就上前攔截。那人道歉說：「對不起，我拿錯公事包了。」說完，就把它交還了，然後頭也不回地走去。探長趕上前抓住那人道：「你是個小偷！跟我到警局去！」探長怎麼知道對方是個小偷呢？

破案關鍵

這人說自己拿錯公事包了，那麼他應該帶着一個款式相似的公事包。可是，這人把它交還後並沒有着急去找自己的財物，行跡可疑，這說明他是有意去拿別人東西的小偷。

半夜被盜

案情說明

早上，探長接到報案，說阿亮家被小偷行劫了。探長急忙到場，發現他被綁在椅子上。解開繩子後，阿亮說：「昨晚，我睡在牀上。不久，我聽到屋內有聲響，急忙開燈查看，發現牀下藏着一個小偷。我們扭打起來，但我打不過他，於是被綁在椅子上。之後，賊人拿走了我所有的錢。」你看過現場後，你認為有可疑之處嗎？

破案關鍵

破案時間 28秒

阿亮在說謊。如果阿亮是睡覺時被驚醒，發現小偷並跟他搏鬥，那麼牀上應該會很凌亂，而且阿亮應該會身穿睡衣，衣衫不整。案發現場牀上的被褥卻摺疊整齊，阿亮身上的衣服也穿着整齊，由此說明阿亮在說謊。

誰的手錶

案情說明

一天，在旅社中，有兩個人因財物而爭執起來。他倆住在同一個房間，一胖一瘦。瘦子說胖子搶了他的手錶，胖子卻說瘦子搶了他的手錶。旁人一時無法判斷誰是誰非。聰明的小偵探，請看看這隻皮帶手錶，你能判斷出手錶到底是屬於誰的嗎？

破案關鍵

破案時間 10秒

當手錶經過長時間佩戴，在皮錶帶常用的扣洞上會留下明顯的痕跡。從錶帶上常用的扣洞看，這隻手錶應該屬於胖子的，因為扣洞離錶面最遠，說明戴錶者手腕粗。

椰樹下的案件

難度指數

★★★★☆

案情說明

夏日的海灘，一個青年倒卧在一棵椰子樹下，他的太陽穴受傷了。他的身旁有一個大椰子，椰樹下的沙地上留有椰子蟹爬過的痕跡。大家都估計說這個青年在樹下睡午覺時，有一隻椰子蟹爬上了樹，剪斷了椰蒂，而椰子剛好砸在青年的頭上。但探長卻說這裏被偽裝成意外現場，你知道為什麼嗎？

破案關鍵

因為椰子蟹是夜行動物，白天不會出來覓食，加上青年頭部太陽穴的傷勢很有可疑。因此，探長估計兇手把現場偽裝成發生意外。

鹿角之謎

案情說明

五月，香港發生了一宗詐騙案，警方懷疑是慣犯羅伯特所為。羅伯特拿出一張照片作為不在場證明，說：「我五月份根本不在香港，這張照片是我五月初在日本奈良公園拍攝的。你看，這隻鹿的鹿角多長多漂亮呀！」你相信他的話嗎？

破案關鍵

不相信。因為在春天，奈良公園鹿頭上的鹿角會自然脫落，然後四月開始長出新的鹿角。到了深秋時，才會長成又大又漂亮的鹿角。要是那張照片攝於五月，當地的鹿角不可能長得那麼大，所以這張照片是假的。

說謊的司機

難度指數

★★☆☆☆

案情說明

一輛殘舊的汽車墮下山坡，司機受了輕傷。他告訴警察，自己在公路上開車時被一輛大型貨車撞倒墮下，而肇事司機則開車不顧而去。警察表示想看看車尾箱，司機便從衣袋中掏出了汽車的鑰匙。警察接過鑰匙，說：「你是故意讓汽車掉下來的，你想騙取一筆保險金吧！」到底警察是怎麼識破司機的伎倆的呢？

破案關鍵

如果司機真是在駕車時被撞擊的話，那麼汽車的鑰匙會留在車內。可是，車鑰匙卻在他的口袋裏，這說明他在撒謊。

追捕小偷

難度指數

★★☆☆☆

案情說明

在公園裏，一名婦人高聲哭喊，向正在巡邏的警察呼救，說：「警察先生，我的手袋被搶劫了！」警員查問案發經過，她說：「剛才我走在路上，一邊看手提電話，突然有一個男人從我後面搶劫，然後飛快地逃去了。我只看到他的背影，沒有看到其長相，我記得他衣上胸前有佩戴心口針的！」聽罷，警員隨即識破婦人在說謊。你知道供詞中有何破綻嗎？

破案關鍵

既然婦人說她當時賊人從後突襲，她只能看到賊人的背影，她又怎麼能看到賊人胸前的衣飾呢？由此可見，婦人的供詞並不可信。

高處墜下

案情說明

在一棟六層高的辦公樓的樓下，發現了一個身受重傷的人。現場消息說此人因為生意失敗，灰心喪氣，選擇了輕生。他雖然受了重傷，但並沒有死去。

警長看了看現場，卻說傷者不可能是從樓上跳下來的，認為案件有可疑。你認為警長的判斷正確嗎？

破案關鍵

破案時間 50秒

警長的判斷是正確的，他是從傷者倒卧在牆邊的位置來推斷的。如果此人是從這棟高樓上跳下來的，那麼他是不可能垂直墜下的；因為從高處擲物時，物件應該會循拋物線軌跡墜下，落點與牆邊會有一段距離。

誰是真牧師

案情說明

有三個人被關在牢房裏，當中兩人是壞人，一個是騙子，另一個是小偷，以及一個無辜的牧師。三人中，騙子會說謊，小偷會視乎勢色對他是否有利而不說實話，牧師不說謊。探長問1號牢房裏的人：「你是誰？」那人答：「我是小偷。」探長問2號牢房的人：「1號房裏的那人是誰？」這人回答：「騙子。」探長問3號牢房的人：「1號牢房的那人是誰？」那人答：「牧師。」那麼你知道這三人中誰是牧師嗎？

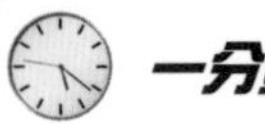

破案關鍵

牧師在2號牢房，騙子在1號牢房，小偷在3號牢房。推斷過程如下：

1. 假設牧師在1號牢房，因牧師不說謊，可知不成立。
2. 假設牧師在2號牢房，無法判斷是否成立。
3. 假設牧師在3號牢房，可知不成立。

我們用排除法，可知牧師在2號牢房。

保險箱失竊

案情說明

瑪莉太太常常忘記保險箱的密碼，所以她想出了一個辦法，讓自己每次開保險箱時都可以馬上知道密碼。這天，她外出歸來，發現保險箱門被開啟了，裏面收藏的財物全被盜走了。從保險箱的狀態來看，盜賊是用密碼打開保險箱的，但他是如何得知密碼的呢？你認為瑪莉太太又會把密碼藏在哪兒呢？

原來，瑪莉太太讓鸚鵡記住密碼，每次開保險箱時就叫鸚鵡說出密碼。盜賊試圖破壞保險箱時，鸚鵡習慣地說出了密碼，讓他得以輕鬆盜取財物。

落水案

案情說明

一天，某公司經理李小姐被人發現在河裏，人們把她從河裏救了上來，看樣子她是不小心失足掉進河裏的。探長仔細觀察了昏迷中的李小姐，說：「她是被人掐昏後扔進河裏的。」你知道探長發現了什麼嗎？

破案關鍵

李小姐的頸部有手掐的痕跡，說明她是被人謀害，犯人先將其掐昏後再拋入河中的。

逃跑失敗

案情說明

一天，盜竊慣犯「飛毛腿」被警察包圍在一座大樓九樓的房間裏。他狗急跳牆，打破窗戶，跳向對面的一棟樓。兩幢樓之間的距離只有一米，但他跳過去後卻摔死了。這麼近的距離理應不會跳不過，而「飛毛腿」也沒有中彈受傷，那麼到底是什麼原因導致「飛毛腿」摔死了呢？

破案關鍵

兩幢樓宇之間相距確實只有 1 米，但相鄰的這座樓只有五層高。這樣，「飛毛腿」逃跑時，往下掉落幾層樓的高度，於是摔死了。

失蹤的園丁

案情說明

有一位老園丁愛花如命。一天，老園丁神秘地失蹤了，半年過去了，仍沒有消息。

第二年春天，人們發現在一片未經栽種的空地上，長出了幾朵美麗的鮮花。警察懷疑老園丁已遇害，很可能就被埋在這片空地。你知道為什麼嗎？

破案關鍵

不幸死去的老園丁很可能就被埋在長出鮮花的地方。因為老園丁愛花如命，身上很可能會帶着種子，春天到來時，種子便會發芽，長出美麗的鮮花。

消失的逃犯

案情說明

有個逃犯穿着囚衣闖進了一場舞會，人們居然拍手歡迎他。於是，逃犯逗留了一會兒，然後又換上別人的衣服，從警察眼皮底下溜走了。這是怎麼一回事呢？

破案關鍵

破案時間 20秒

因為這個逃犯恰好闖進了一個舉行化裝舞會的場地。

沙爾之死

案情說明

宇宙公司總裁沙爾在辦公室被人開槍殺害，開槍的人是一名警員。他對探長說，沙爾是一個不法商人，所以當他到沙爾的辦公室調查時，沙爾大驚，以為警方是來拘捕他的。沙爾慌亂之中，拉開書桌的抽屜拿出手槍想對他開槍，於是出於自衛，才對沙爾開槍，結果擊中他的頭部。你看過現場後，你會相信這位警員的話嗎？

破案關鍵

破案時間 47 秒

書桌的抽屜是破案的關鍵線索：一個再細心的人，也不會在如此緊急的情況下，把手槍從抽屜裏拿出來後，再把抽屜關上。而現場關閉的抽屜就說明了，這名警員並不是因為自衛才對沙爾開槍的。

小偷去哪裏了

難度指數
★★☆☆☆

案情說明

一天深夜裏，花園小區發生了一宗盜竊案。兩名警衛追着小偷進了陰暗的花園。當警衛跑過一個噴泉，又經過兩個人物雕像，追到一口井旁時，發現井邊有一隻鞋子。警衛查看井中，發現小偷的外套浸在水裏。他們判斷小偷可能跳井逃走，立即去找打撈工具，但他們在返回的途中卻發現只剩一尊人物雕像了。你知道小偷究竟躲到哪裏去了嗎？

破案關鍵

破案時間 40秒

小偷先把外套扔進井裏，再把一隻鞋子扔在井口旁，造成跳井的假象。然後他在昏暗的花叢邊扮成花園裏的一個人物雕像。由於天色太暗，警衛完全沒有注意到花園中雕像。事後，小偷趁人不注意時逃掉了。

智擒強盜

案情說明

古時候，一位珠寶商人晚上在城外的樹林中被劫，被搶去大量珠寶。可是，他未能說出強盜的去向，只記得強盜的長相。縣令靈機一動，讓手下馬上沿街敲鑼喊話，告訴全城百姓，在城外十里處，有人被殺，並把死者相貌描述一番。不久，縣令便抓住了強盜。小偵探們，你們知道縣令究竟是用什麼方法抓住了強盜的嗎？

破案關鍵

縣令讓手下發布一個假消息，並把強盜的長相說成是被害人的長相，讓強盜的家人來認屍，再順藤摸瓜抓住了強盜。

指紋的秘密

難度指數
★★★★☆

案情說明

探長在一家酒吧喝酒，突然發現同桌女子似曾相識。她濃妝豔抹，手指甲塗了透明的指甲油。當那女子離去後他才記起她是一個逃犯，可當他拿起那女子喝過的酒杯時，發現上面連一個指紋也沒有。然而，那女子當時既沒戴手套，也沒在手指貼膠紙一類的東西，但為何沒在酒杯上留下指紋呢？

破案關鍵

因為女逃犯在她的手指上也塗上了透明的指甲油，所以杯子上沒有留下指紋。

手臂上的槍傷

案情說明

一個男人描述他遇劫時，與罪犯搏鬥的情景。當時罪犯向他開了一槍，子彈打在他的左胳膊上，從內側進入，外側飛出。警長看了一下傷口說：「這是你自己開的槍吧？」警長為什麼這樣說呢？

破案關鍵

罪犯不可能把槍伸到他胳膊內側開槍。實際上是他自己持槍，槍口緊貼上臂內側開槍造成的。

火車站兇案

案情說明

一天，飛達公司老闆在火車站月台候車時，被人惡意推下月台，撞在飛馳的火車上，身受重傷。現場的一位小姐對趕來調查的警長說：「我看到是一個穿綠色裙子的女子推人的，她被火車行駛的強風吹得飛起差點坐在地上呢。」警長卻說：「小姐，你為什麼要說謊呢？」警長為什麼這樣問呢？

破案關鍵

當火車高速行駛時，會形成巨大的氣流，如果人距離列車太近很可能被這股氣流「吸」向火車，而不是被氣流吹得向後倒，這是一個物理現象。由此可見，那位小姐在說謊。

鑽石大盜

難度指數
★★☆☆☆

案情說明

肖衞欠了林超很多錢，但他總是找理由拖延不還款。一天晚上，林超到肖衞家討債，肖衞見自己躲不過，就讓妻子把一枚鑽戒拿來抵債。當肖衞把鑽戒拿給林超看時，室內突然停電，五分鐘後，電燈亮了，可那枚鑽戒也不見了。肖衞指責是林超偷去了，老實的林超一時難以辯解。你能幫幫他嗎？

破案關鍵

破案時間 30 秒

林超是債主，當時快將取得鑽戒用來抵債，如果再施計盜竊，未免太多餘了。其實這是肖衛夫婦自編自演的鬧劇，耍手段來賴賬。

消失的年輪

案情說明

商人阿福被人暗算，幸好逃過一劫。事後阿福認為，他生意上的對手阿明最有嫌疑。當警察找到阿明時，阿明拿出一張照片說，他對此事一無所知，因為當時他正在非洲旅行，有照片為證。阿福看過照片後，發現照片中的樹樁看不出年輪，因此認為阿明的照片是修改過的，他是在撒謊。你認為呢？

破案關鍵

年輪，是指樹幹的橫切面上那些一圈圈的印記，顯示了樹木生長快慢的交替。從年輪的數目，我們可以估計出該樹木的「年齡」。

因為非洲靠近赤道的地區，四季的溫度、日照變化小，所以樹的生長速度沒有明顯差異，也就不能構成明顯的年輪。因此，這幅相片有可能是真的。

分身犯案

案情說明

一個小伙子犯案後逃之夭夭，後來，目擊者們在一家飯店發現了這名罪犯。可是，飯店裏的人都能證明此人在案發時沒有離開過飯店，但目擊者們又一致確認，此人就是那個罪犯。探長想了一會兒，就明白了這究竟是怎麼一回事。小偵探們，你知道當中的秘密嗎？

破案關鍵

罪犯和飯店裏那個人很有可能是一對孿生兄弟。

黑夜槍聲

案情說明

一天晚上，探長在街上散步。忽然，他聽到大廈傳來一聲槍聲和一個女子的慘叫聲，同時他看到四樓上有人熄掉了電燈。探長立刻衝去案發現場，在四樓樓梯間的黑暗處碰到了一對擁抱的情侶。當探長進入了那間沒有開燈的房間，裏面空無一人，但地上有血跡。忽然，探長腦子裏閃過一個念頭，知道了兇手、被害人在什麼地方。你知道他們在哪裏了嗎？

破案關鍵

探長上樓時，碰到的唯一女性是那位在樓梯間與男子相擁的女子。其實那正是兇手抱着被害的女子假裝在擁抱。於是，探長立即追上去，抓住了兇手。

勇敢的保安

難度指數
★★★☆☆

案情說明

警署接到報案，稱一家商場被人打劫。商場的一名保安對前來調查的警長說：「我在與賊人搏鬥時，被他砍了一刀。」說完，保安就捲起衣服的袖子，讓警長看他手臂上的傷口。警長看也沒看，笑着說：「你撒謊是為了想立功吧！」警長為什麼會這樣說呢？

破案關鍵

破案時間 37 秒

如果這名保安的手臂真是被人砍傷，那麼他的衣袖也應該會被砍破，但他的衣袖卻完好無損。警長發現了這個破綻，所以才說出那樣的話來。

看門犬

難度指數
★★★☆☆

案情說明

探長經過一所別墅的後門時，發現一個神色慌張的男子從裏面鬼鬼祟祟地走出來。那人說自己就是屋主，住在這兒幾年了。這時，一隻小狗從門裏跑出來不停吠叫，那人對狗喝道：「莉莉，別叫！」那狗馬上閉了嘴，然後跑到樹旁，抬起後腿撒尿。探長見狀，想了一下，馬上對那人說道：「你不是屋主，你在裏面幹什麼？」探長為什麼要這樣說呢？

破案關鍵

破案時間 39 秒

小狗抬腳撒尿說明牠很大機會是雄性。而那人叫狗為「莉莉」，這是一個很女性化的名字，說明那人並不知道這狗是公是母，也就是說很可能他並不是狗的主人，自然也不是這所別墅的主人了。探長發現了這個破綻，所以才這樣質問那個人。

後巷襲擊案

案情說明

在長長的後巷中，一個小伙子被人用鈍器從背後擊中後腦，陷入昏迷。目擊者阿牛說：「當我聽到一聲慘叫後，回頭一看，見傷者前面不遠處，有一個人手裏提着一根木棒，鑽進了旁邊的後巷。」警察聽後說道：「真相可不是你說的這樣，你是在撒謊吧？」警察為什麼會這樣問呢？

破案關鍵

破案時間 50秒

傷者是被人從背後猛擊頭部而昏迷的。阿牛說事情發生的剎那，他聽見了被害人的慘叫，實際上這是不可能的。當人的頭部受猛烈碰擊，很多時會立即昏迷，來不及喊叫的。由此可見，阿牛在說謊。

百密一疏

案情說明

　　探長到助手家去取一份密件，一進門，發現助手倒在地上。助手說：「半小時前，我正在吃蘋果，有人按門鈴，我以為是你來了，急忙開門，不料卻闖進來兩個傢伙。他們用手帕捂住我的臉，我立刻失去了知覺。醒來後，發現機密文件不見了。」探長拾起地上的蘋果說：「看來你在對我說謊吧。」探長為什麼這樣說呢？

破案關鍵

蘋果的果肉接觸空氣後，很快就會發生氧化作用，變成褐色。而地上咬過的蘋果果肉卻沒有變色，由此可見助手在撒謊。

入屋行兇

難度指數

★★★☆☆

案情說明

在幸福路11號白嶺公寓發生了一宗槍擊案。死者的妻子對探長說：「剛才，我聽到有人敲門，我丈夫打開大門，不料，門外一個黑衣人衝到我丈夫面前，對着我丈夫連開了兩槍，我可憐的丈夫當場就倒在地上，然後那人扔下手槍就逃跑了。」你看了現場後，相信她的話嗎？

破案關鍵

破案時間 35 秒

不信。如果事情真如死者妻子所說，歹徒面對丈夫開槍，根據這把曲尺手槍的結構，彈殼的落點不會在死者的右方，而應在其左方。

會移動的錢袋

案情說明

城內發生了一宗銀行盜竊案。案發後，警方在離市區15公里遠的一處火車路軌邊發現了被賊人丟棄的銀行錢袋。警察逮捕了嫌疑犯江某。江某說自己最近沒出城，更不會跑那麼遠扔錢袋。那麼，江某一個人是怎樣把錢袋丟棄到那麼遠的地方的呢？

破案關鍵

原來，江某行劫後，把錢袋從天橋上丟到一輛經過的火車車頂上，企圖把證物丟到遠方。當火車行駛遠去，錢袋就落在路軌邊。

閉門失竊

案情說明

鼎新公司是一家生產手機配件的公司，近來，公司生產的貴重配件接連被盜。奇怪的是，廠房的門窗完好，沒有翻窗撬門的痕跡。工人下班後，夜間至少有三個人在生產廠房內逗留過，他們是維修員、巡邏隊員和清潔工。根據案情可判斷這是內部人員犯案。但誰是嫌疑最大呢？這麼多的配件是怎麼運出工廠的呢？你知道嗎？

破案關鍵

從犯案時間和條件分析，清潔工擁有最大的嫌疑，因為他最有可能以清潔為藉口掩人耳目。晚上，他把盜取的貴重配件混在雜物和廢棄物一起收藏；第二天，他就裝作處理廢物時，把配件運走。而其他兩位都不太有機會將贓物帶離工廠。

碗上的映像

案情說明

一家古玩店被劫。僱員對探長說：「我記得盜賊的樣子。盜賊闖進來，用槍抵在我背上。雖然我一直背對着他，不過在我遞給他一個銀碗時，因為銀器擦得很亮，所以我看到了他映在碗上的頭像。他的左耳上有一個明顯的黑痣。」探長卻對探員說：「快去查一下右耳有黑痣的疑犯！」你知道探長為什麼會這樣說嗎？

破案關鍵

因為碗邊反射出來的影像是個鏡像，所以他看見的左耳實際上是那人的右耳。

失蹤案

案情說明

艾米家的保姆離奇失蹤了，探長到現場調查。主人艾米一邊打開冰箱拿出冰塊讓探長喝冰水，一邊說：「我這幾天都不在家，因為四天前家裏就停電了，現在也沒有供電，所以我一直住在朋友家，家裏只剩下保姆一人……」探長卻說：「你在編故事吧？」探長為什麼這樣說？

破案關鍵

如果家裏停電四天，那麼冰箱裏的冰塊早就化成水了，探長由此判斷出艾米在說謊。

黑房謀殺案

案情說明

攝影家德魯在黑房沖洗菲林時被人殺害。一個女證人做證說：「當我走進那間光線極暗的房間時，一眼就看見德魯先生躺在地上，他身旁正流着鮮血。」警長立即指出女證人在說謊。為什麼？

破案關鍵

在極暗的環境中，缺乏光線照射，我們的眼睛就會看不清事物的形狀和顏色。但是，女證人卻說她清楚看到了德魯身旁的鮮血，這明顯是在說謊。

神秘的電話號碼

案情說明

銀行家凱奇有口吃的毛病。一天，凱奇外出被害，遇害前他給妻子打了個電話，並留下了電話錄音。探長聽到了電話的錄音內容：「我、我遇到了……一個仇……人，我、我、我知道他、他的、的電話話號……碼，就是八八八八四四四……四。」妻子道：「真可惜，只說了兩位電話號碼。」不過，探長還是找到了兇手的電話號碼。他是怎麼找到的呢？

破案關鍵

這是一個誤會，實際上凱奇已經說了電話號碼為「88884444」，他妻子以為他在口吃，所以沒有重視。

木棒上的玄機

案情說明

小明的頭被人用木棒打穿了，頭破血流，警察抓住了三個嫌疑犯。如圖所示，你知道誰是真正的犯人嗎？

破案關鍵

破案時間 50秒

背對我們的那個人就是犯人。因為小明頭被打破了，他的血液會黏在木棒上。木棒上的血跡雖然有可能被擦掉了，但還留有血腥味，蒼蠅聞到氣味被吸引過來停在上面。那人的木棒上有蒼蠅，由此可推斷他很可能就是犯人。

郵票藏在哪兒

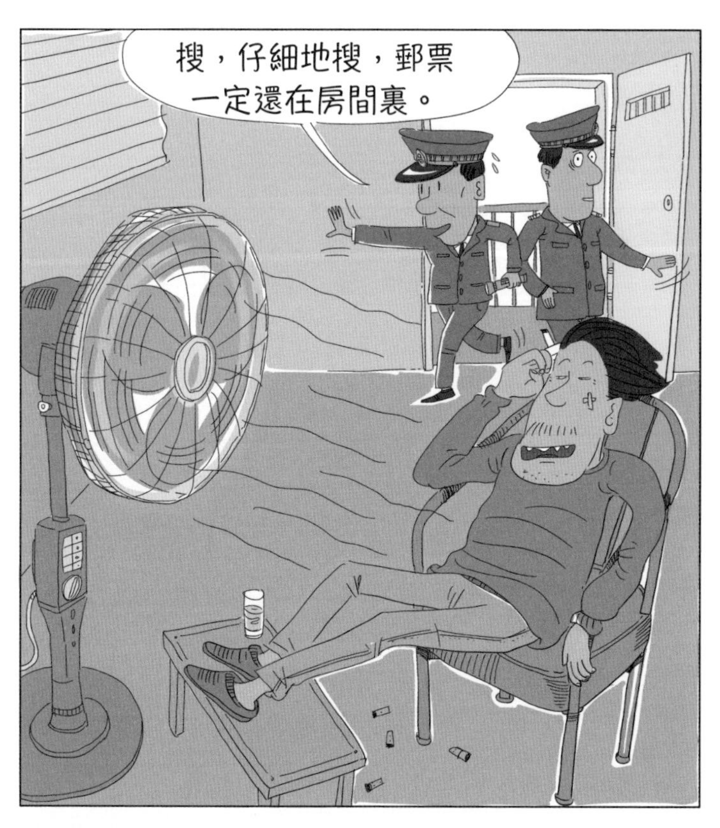

案情說明

在郵票展覽上，一枚價值連城的郵票被盜。當警察追蹤到竊賊的巢穴時，看到他家徒四壁，而盜賊一人正在吹電風扇。警察立即搜查，但沒有搜出失物。奇怪的是，警方經過翻查監察影像，確定竊賊回家後，一直沒離開過房間。那麼，請你判斷一下，竊賊會把郵票藏在哪裏呢？

破案關鍵

竊賊把郵票貼在風扇的扇葉上，當風扇運行時，就不容易被發現了。

錢怎麼少了

難度指數

★★★☆☆

案情說明

偵探的助手在超級市場與人發生爭執，他報警指收銀員盜取了 8 元，探長馬上趕到現場調查。助手說他拿了信封的零用錢去購物，信封上寫了「98」。他計算了貨品的價格，應付 90 元，然後把信封內的所有錢倒出來給收銀員結算，怎料收銀員不但沒有把剩下的 8 元還給他，還說他不夠錢，尚欠 4 元。這是怎麼一回事呢？

原來，助手在結算前沒有點算信封內的錢，就直接全數用來付款。其實，信封上的數字是「86」，他倒轉看以為是「98」，因此引起了一場誤會。

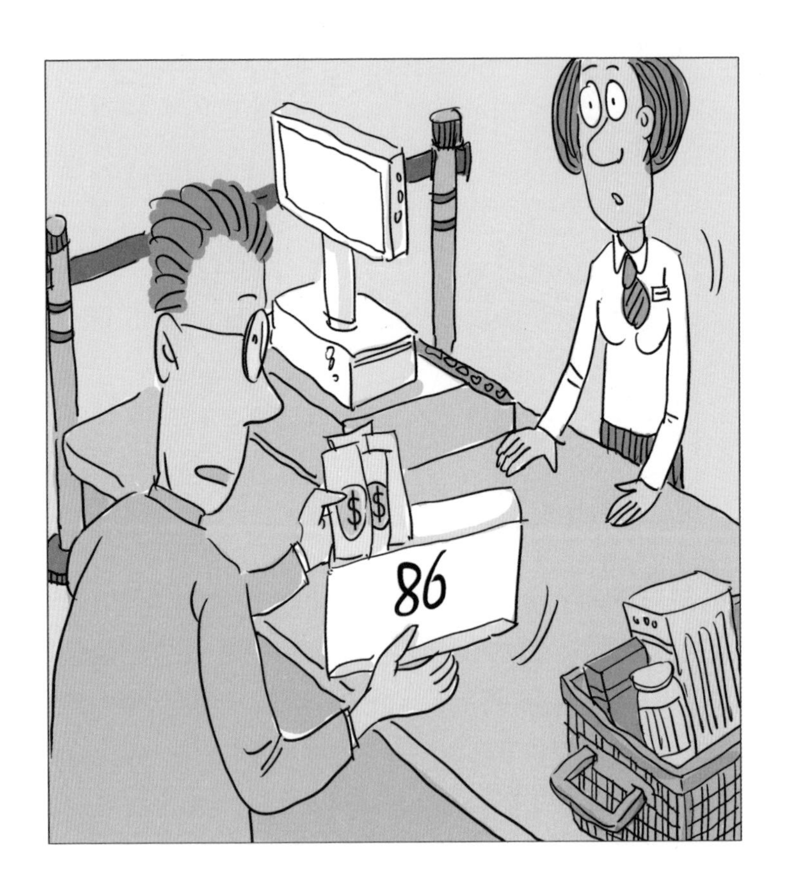

寺廟劫案

案情說明

一座寺廟發生了劫案，盜賊偷去了信眾捐贈的香油錢，並刺傷了管錢的啞和尚。當住持趕來時，啞和尚用手指指着住持身上的袈裟，又翻過袈裟指了指，住持隨即領會了意思，抓到了盜賊。你知道啞和尚的動作表達的是什麼意思嗎？

破案關鍵

啞和尚指指袈裟，表示盜賊仍在佛門（即寺廟內）；袈裟上的圖案類似磚牆，啞和尚翻起來指指裏面，表示盜賊躲在圍牆之內。

海上求救

案情說明

一艘漁船被截獲走私貨物，船長落水失蹤。探長查問疑犯莊偉，莊偉對探長說：「事發當日，我正在船上。中午12點，我從漁港出發，兩小時後，發動機壞了，更不幸的是當時海上一點風也沒有。我情急之下，找了一塊大白布，在上面寫上『救命』兩字。然後，從旗桿上降下旗子，再升上白布，不一會兒就有人駕着快艇來救我了。」探長聽後說：「你編的故事太差勁了。」為什麼探長會這麼說呢？

破案關鍵

破案時間 28 秒

白布和旗子一樣，沒有風是不可能揚起的，當然遠處的人也就看不清楚上面的字了。莊偉自以為謊言編得天衣無縫，不料還是露出了馬腳。

神秘的子彈

難度指數

★★★★★

案情說明

妮可是個職業女殺手，她出行時不帶手槍，只隨身攜帶一顆子彈，這是她的幸運物，從不離身。有消息稱，妮可將前往執行任務。她下飛機後，警察檢查了她隨身帶的所有物品，但沒有發現子彈。警長冷靜地想了想，恍然大悟，接着在妮可的行李中搜出了那顆子彈。聰明的小偵探，你知道那顆子彈藏在哪裏嗎？

破案關鍵

妮可對唇膏盒子進行了改裝，把子彈藏在裏面，想以此來避免海關的搜查。

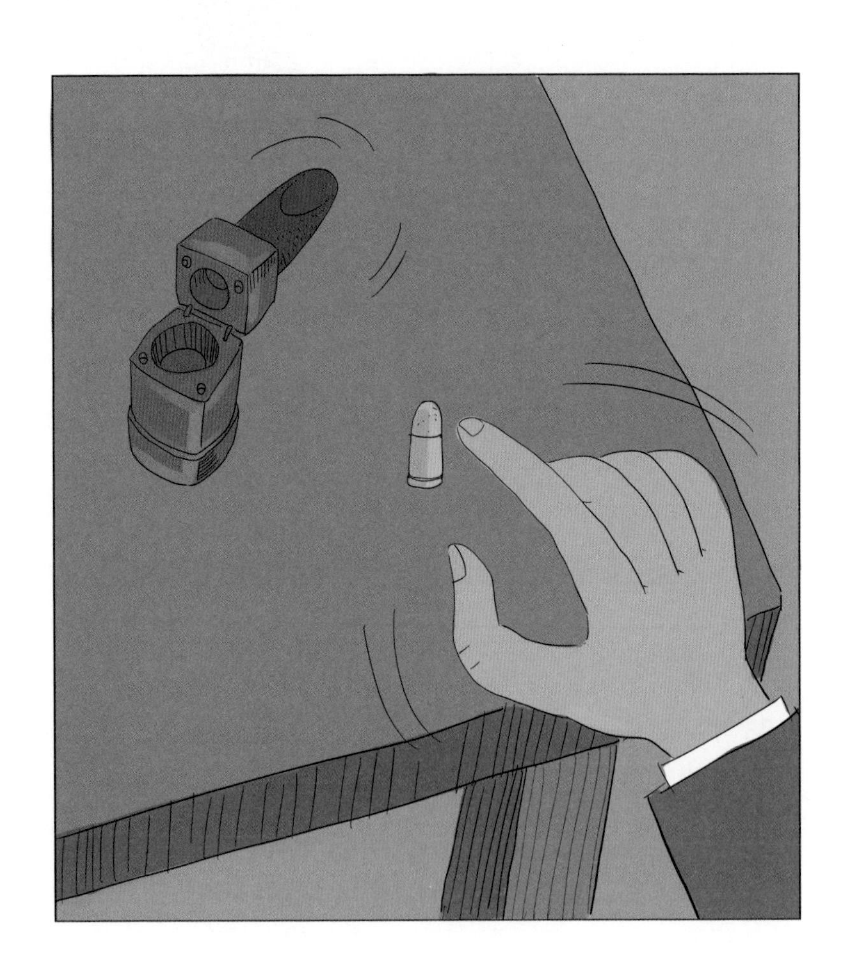

死人犯案

案情說明

某市一家珠寶店失竊，警察在玻璃櫃裏發現了一些指紋。經過鑑定，指紋的主人早已病死，屍體已火化了。人的指紋是獨一無二的，難道是死人在犯案嗎？警察對所有接近過該死者的人做了調查，終於逮住了罪犯。你知道其中的詭計嗎？

破案關鍵

罪犯是一名外科醫生。他利用職務之便，剝取了死者的手指皮膚，然後貼在橡皮手套上，戴着去行竊，於是死者的指紋就留在了犯案現場。

密室兇案

案情說明

李丹被堅硬的鈍器擊傷了頭部昏倒在屋內。一個年輕人待在他身旁，臉色蒼白。在他們身旁有一個被壓扁了的罐頭空罐。屋內的窗戶均用木板封死了，無人進出，現場也沒有任何兇器，兇手也無法將兇器扔往屋外。那麼，兇手究竟是誰呢？他是如何犯案的呢？

破案關鍵

破案時間 50秒

兇手就是這個年輕人。他用罐頭猛擊傷者頭部，再打開罐頭把食品吃完，最後把罐頭踩扁。他試圖製造出沒有兇器的假象，但天網恢恢，疏而不漏；再狡猾的狐狸，也逃不過獵人的眼睛。他最終受到了法律的制裁。

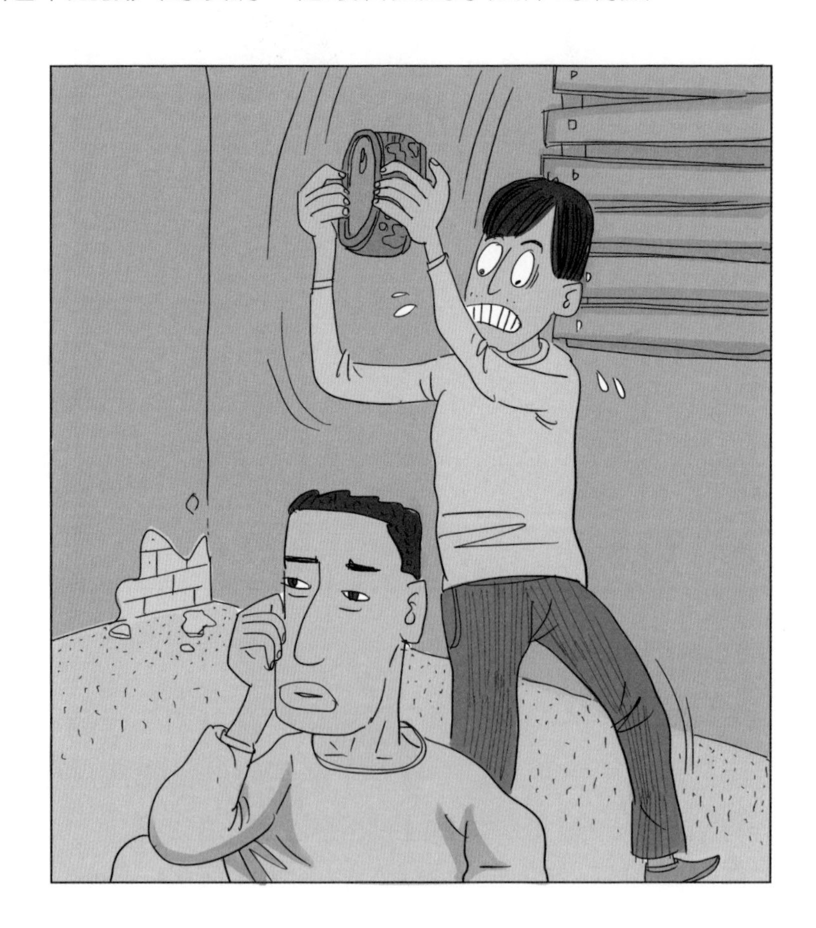

消失的兇器

難度指數

★★★★☆

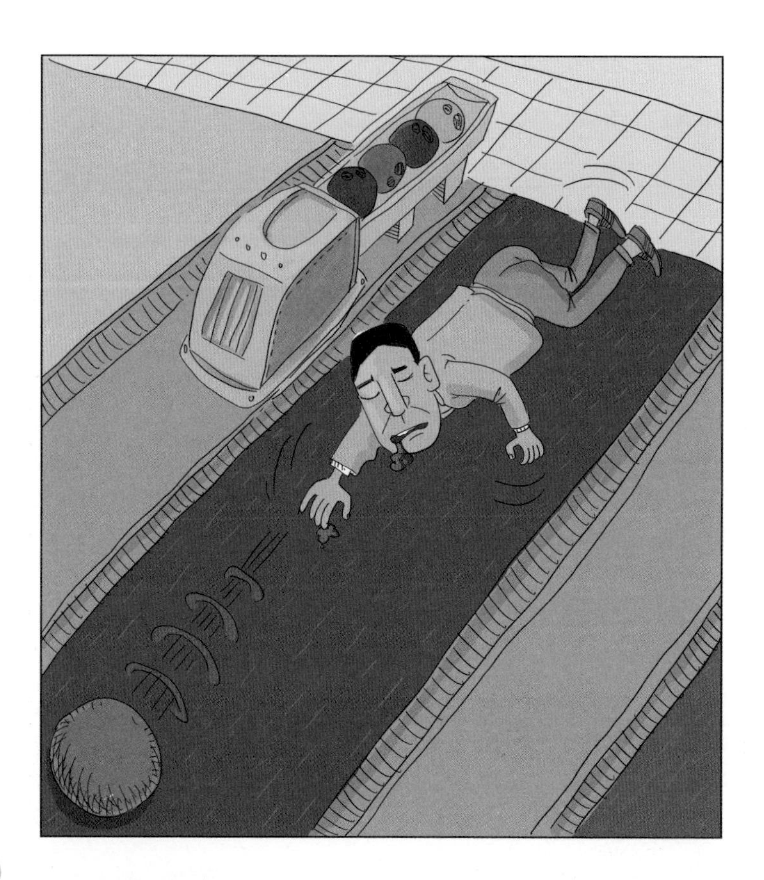

案情說明

一位職業保齡球手在球館訓練。當他打了幾球後，突然倒在球道上中毒死去。經檢查，他使用的保齡球沒有任何問題。那麼，兇手是怎樣行兇的呢？

破案關鍵

破案時間 40秒

兇手很有可能是熟悉保齡球館的人。他在死者使用的一個保齡球內放了毒針，當死者被毒針刺傷手指後，兇手立即將放了毒針的保齡球換掉。所以警方找不到兇器。

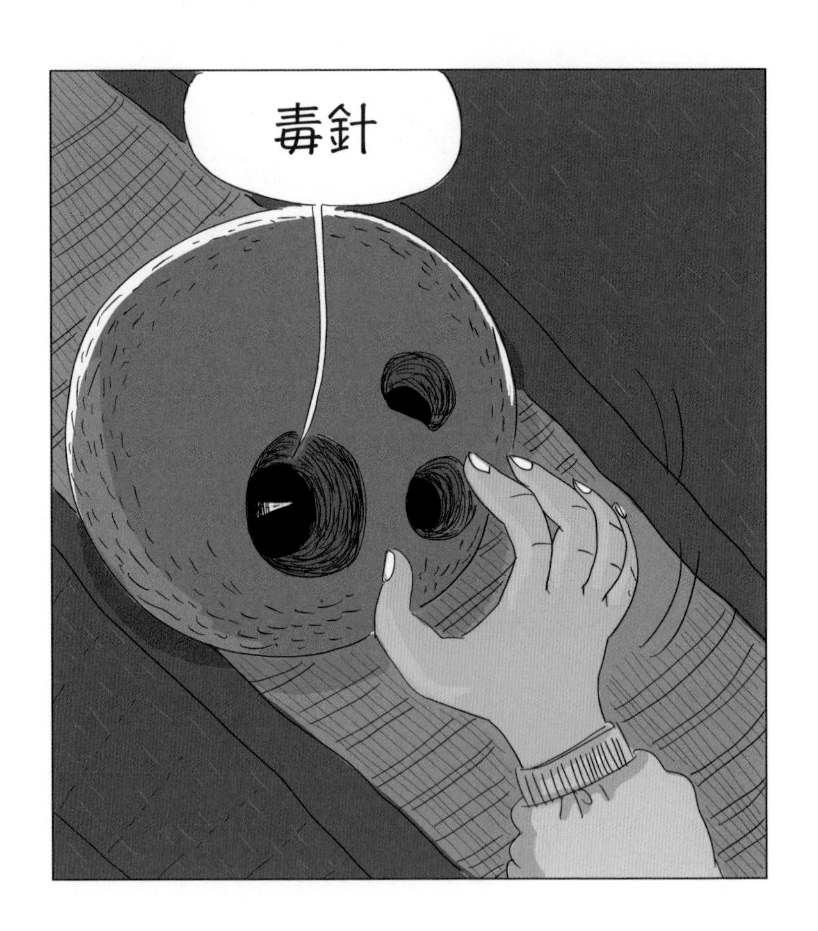

案情說明

玉龍街發生了一宗兇殺案。當警察調查阿江時，他說案發的時候，他正在非洲旅行，並拿出這一張照片做證。看了這張照片後，你相信他的話嗎？為什麼？

破案關鍵

不信，因為非洲沒有雙峯駝，這張照片是假的。雙峯駱駝主要生活在中亞、中國和西北蒙古。

花盆的秘密

案情說明

探長搜查盜賊江文的家。他想知道江文把偷盜來的寶石藏在什麼地方。無意中，窗台上的花盆引起了他的注意。探長斷定寶石就在這三盆花中。你知道寶石是在哪一盆花裏嗎？

破案關鍵

破案時間 39秒

寶石在3號花盆裏。因為向日葵植物具有向光的特性，花都朝着太陽的方向。3號花盆的花卻朝向室內，說明這盆花不久前剛被移動過，其中必有問題。

兇器上的螞蟻

案情說明

在一個病房裏，一名生命垂危的男病人遇刺。探長趕到現場，在病房外的草地上發現了被遺棄的作案工具——一把刀。他發現在刀柄上有些螞蟻。經過仔細調查，發現三個人有犯案動機，他們分別是住二號病房的胃病患者、住三號病房的心臟病患者，以及住四號病房的糖尿病患者。聰明的讀者，你認為這三人中誰最有可能是兇手呢？

破案關鍵

兇手最有可能是四號病房的糖尿病患者。因為糖尿病患者上半身多流汗，病人的血液和尿液中帶有較高糖分。那刀柄上有可能沾染上了他的汗或尿液，所以把螞蟻吸引過來了。

樓上掉下來的人

案情說明

冬天，天空中飄着雪花。突然，一個中年男子從酒店六樓掉下來摔死了。他俯身在雪地裏，身旁還有許多冰塊。此人的房間從裏面反鎖着，房裏沒有人，看起來像是一宗跳樓自殺案。但探長看了現場後，卻斷定是他殺。為什麼？

破案關鍵

破案時間 55秒

受害人身邊破碎的冰塊有問題，因為雪地裏不會無緣無故出現冰塊的。經調查，發現兇手是被害人的熟人。他事先預訂了被害人樓上的房間，然後給被害人打了個電話，讓被害人俯身向窗戶外探頭看。就在被害人從窗戶探出頭來的一瞬間，兇手用事先準備好的大冰塊朝着被害人砸去，令他墮樓。兇手以為砸碎的冰塊會被雪掩埋，但沒想到還有冰塊仍留在現場沒有融化。

樹林失足

案情說明

護林人報案說，有人掏鳥窩時不小心摔倒昏迷了。偵探趕到現場，發現他身旁放着一雙鞋，手邊有幾枚鳥蛋，腳掌上有好幾道縱向的傷痕。探長看了後卻指出，這是有人偽裝的場景。你能從現場發現什麼可疑之處嗎？

破案關鍵

如果真是從樹上滑下來的話，腳掌上的傷痕大都應該是橫痕的，而不應是直痕的。

衝出絕地

案情說明

間諜帕奇被搜捕隊堵在一個倉庫裏，這裏只有一扇鐵門通向外面，不過門卻被一把大鎖給緊鎖着。帕奇身上只有一顆子彈以及一個打火機。他在絕望之時，突然想到一個辦法，居然成功逃走了。小偵探們，你知道他是用什麼辦法逃出去的嗎？

破案關鍵

帕奇把子彈中的火藥取出，把火藥從鑰匙孔填入鎖裏面，然後點燃火藥將鎖炸爛，就可以打鐵開門，一溜煙兒跑了。

不在場證明

案情說明

百貨商店深夜被爆竊，警方拘捕了一名嫌疑男子。但該男子聲稱有不在場證明，他的朋友證實該男子事發時正在家裏，因為給他打電話時，聽到了手機中傳來的是他家附近工地上打樁的聲音。警察來到該男子住處，確認附近有一個建築工地，打樁聲日夜不停。從時間上推斷，該男子不可能在打完電話後趕到犯案現場。儘管如此，警方還是逮捕了這名男子。為什麼？

破案關鍵

疑犯可以先用錄音機錄將居所附近的打樁聲錄下來，然後在案發現場用手機與朋友通話，以此製造他不在犯案現場的證據。

跟蹤

案情說明

深夜，警長裝作路人跟蹤一名販毒分子，但才走過一條後巷，就被毒犯發現並逃掉了。奇怪的是，當時毒犯戴着耳機，邊走邊聽音樂，而且從未回頭看。那麼，他是怎樣發現有人在跟蹤他呢？

警長的影子暴露了目標。當他們從路燈下走過時，警長的影子映在地上。毒犯看見了警長的影子，就知道自己被人跟蹤了。

追蹤肇事車輛

案情說明

公路上發生了一宗交通意外，肇事車輛不顧而去，警察接報到場調查。現場目擊證人說：「我在車上從倒後鏡看到後面有一輛黑色貨車把小狗撞到了，然後絕塵而去。還好我看到了車牌號碼是 01WA18 ！」警員隨後發現證人提供的車牌並非有效登記號碼，最後警方鎖定了四個近似的車牌號碼，並成功找出了那肇事車輛，小偵探們，你知道是哪一個車牌號碼嗎？

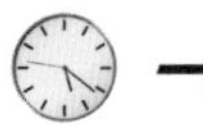

破案關鍵

肇事車輛的車牌是 81AW10，因為目擊證人是從車上的倒後鏡看到車牌，而鏡中的映像是左右位置相反的。

小偵探學堂

指紋的秘密

每個人的指紋都是獨一無二，終身不變的。指紋破案是指通過指紋鑑別來找出罪犯的一種技術。歷史上以指紋破案的最著名案件是1892年在阿根廷發生的一宗血腥案件，最終警察通過指紋鑑別將罪犯繩之以法。隨着科學發展，人們又發明了指紋自動識別系統，這大大地增加了破案的準繩度。

人的皮膚由表皮、真皮和皮下組織三部分組成。指紋就是表皮上突起的紋線，這些紋線的起點、終點、分叉、結合被稱為細節特徵點。這種細節特徵有無數種排列方式，因此，每個人的指紋甚至一個指紋的每條紋線都是獨特的。世界上雖有幾十億人口，但是迄今為止，還沒有發現兩個指紋完全相同的人，即使同卵雙胞胎的指紋，也不一樣。指紋在胎兒三、四個月便開始產生，到六個月左右的時候就已經形成了。小嬰兒慢慢長大，指紋也會放大增粗，但紋樣不會改變。也就是說，當我們的指紋在形成後，就是終身不變的。

指紋有三種基本類型——環型、弓型和螺旋型。研究發現，如果某人手指頭的肉高而圓，其指紋的紋路很可能是螺旋型。

小偵探們，如果家中被盜，要先報警，盡量不要四處走動或移動現場的證物。因為罪犯留下的指紋、腳印都是一些有力的證據，如果亂走動，或會破壞了罪犯留下的痕跡。

在人羣中時刻注意安全

隨着城市的不斷發展，越來越多的人在城市中心地帶工作、學習、購物娛樂。商業區內人山人海、熙熙攘攘，這些看似平常的情景，不但會引來賊人犯罪，背後還隱藏着巨大的安全隱患。近年來，發生在國內外的多宗人多擁擠踩踏事故為我們敲響了警鐘。

小偵探們，當你在走道、商場甚至學校裏遇到人羣擁擠時，以下幾點一定要注意，以保障生命安全！

一、 在樓梯、通道內，舉止應保持冷靜。在狹窄的通道中，人多的時候不擁擠、不起哄、不打鬧、不故意怪叫製造緊張或恐慌氣氛。

二、 順着人流走，切不可逆着人流前進，否則，很容易被人流推倒。當發覺擁擠的人流向自己湧來時，應立即避到一旁。

三、 若自己不幸被人羣擠倒後，要設法靠近牆角，身體蜷曲成球狀，雙手在頸後緊扣以保護身體最脆弱的部位。

四、 在人羣擁擠時，腳下要特別注意，小心不要絆倒。另外，即使鞋子被踩掉，也不要彎腰撿鞋子或繫鞋帶，待人羣過去後再迅速離開現場。

五、 當發現自己前面有人突然摔倒了，馬上要停下腳步，同時大聲呼救，告知後面的人不要向前靠近。

最後，要記住：看見人多的地方就別上前湊熱鬧！

小偵探學堂

交通安全要注意！

說到交通安全，小偵探一定會說，這些我從小就懂，過馬路要看紅綠燈，其實，乘車安全也很重要的。

在追蹤疑犯的過程中，警探們常常要乘車追兇，遇上各種危險。因此，我們也要格外注意乘車安全，注意以下的守則：

一、乘坐汽車或者公共交通工具，最重要的安全守則就是——繫好安全帶。

二、上下車時別亂擠亂跳，更別急急忙忙推開門，最好是由大人幫你開門。

三、應避免坐在車頭司機位置旁，一旦車輛發生碰撞，氣囊迸開會產生強大的衝擊，有可能會令你受傷。

四、千萬不要獨自留在車內，一旦車門上鎖，車窗又關閉，很容易令你因缺氧而窒息。另外，車內的高溫也足以致命。如果你不小心被鎖在車內，可以先試着拉門鎖開門，如果不行，就一直按着方向盤上的喇叭，以引起旁人注意。

五、汽車開動後，千萬不要把頭、手伸出窗外，更不能將上半身伸出天窗去「檢閱」馬路情況。如果遇到急剎車，你就會像炮彈般從天窗「發射」出去！

六、不要在開動的汽車內玩尖銳的玩具，或者是在車上進食。因為在剎車或者車輛碰撞時，這些東西都有可能變成刺向你們的「兇器」。

七、在汽車裏，盡量不要放置裝飾品等硬物，它們很容易變成在車內到處亂飛的「子彈」。

鼻子受傷後會喪失嗅覺嗎？

嗅覺是我們最原始的感官功能，由化學和電反應結合形成。一朵花或者一瓶醋釋放分子到空氣中，當接觸到我們鼻腔內的神經末梢時，便由此向大腦傳遞信號。大腦辨識這種信號，並與記憶中的各種氣味相匹配，於是我們就能認出該氣味。

嗅覺是非常重要的一種感官功能，會提醒我們不要吃下有毒、變質的食物，也讓我們躲避各種危險的環境，例如避免吸入有毒的氣體。

我們要小心保護自己，當鼻子或臉部受到打擊時，有可能傷及嗅覺系統的神經末梢，導致嗅覺缺失。除了被人拳打襲擊之外，一根金屬管、一場車禍、一次跌倒，基本上什麼都有可能造成嗅覺受傷。幸好，除非遭受到嚴重的神經損傷，才會導致嗅覺永久喪失；一般來說，一旦傷口癒合，人的嗅覺就會恢復。

有些人能嗅出根本不存在的某種氣味，如有的人說嗅到燒豬皮味、腐味或者有特別難聞的氣味，而同在一起的其他人卻聞不到這種氣味。這其實是一些疾病的表現，比如精神分裂症、神經系統病變、腦腫瘤等。這種症狀叫「幻嗅」。因此，警察在調查某些事件，特別是與氣味有關的調查時，應該考慮到當事人的嗅覺是否正常。各位小偵探，你的嗅覺靈敏嗎？